"Tú formaste mis entrañas; me hiciste en el seno de mi madre.

Te alabaré, porque asombrosa y maravillosamente he sido hecho; maravillosas son tus obras, y mi alma lo sabe muy bien."

Salmo 139:13-14

Dedicado a:

Mi Señor Jesús,
Creador del Universo por el
poder de su Palabra.

Todos aquellos quienes
hacen tiempo para buscar y
explorar la verdad
con la mente y
el corazón abiertos.

Todos aquellos quienes al leer este
folleto descubran no sólo
el poder creador, sino también
el poder restaurador de Dios;
junto con su amor maravilloso
para con nosotros los que creemos.

Creados
A La Imagen De Dios

Jaime Símán

Edición de Abril del 2016.

Publicado por: The Word For Latin America
P.O. Box 1002, Orange, CA 92856 (714) 285-1190

Copyright © 2002, 2004 Jaime E. Símán - Derechos reservados.

Escrituras bíblicas tomadas de: La Biblia de las Américas,
© 1986, 1995, 1997 by The Lockman Foundation.
Usadas con permiso.

Dibujos usados contienen imágenes obtenidas de IMSI's MasterClips® y MasterPhotos™ Premium Image Collection, 895 Francisco Blvd. East San Rafael, CA 94901-5506, USA.

Arte de la portada: Adolfo Blanco. Arte de pareja en cosmos: Pintura por Danny Loya, 1996. Foto digital, editada y publicada con permiso.

PRÓLOGO

Nosotros, el ser humano, el homo sapiens, ¿quiénes somos?

¿Somos acaso, animales en proceso de evolución? O, ¿acaso somos seres superiores caídos y degradados; exhibiendo, más veces que otras, un comportamiento animal?

¿Cuál es la verdad sobre el origen del hombre?¿Dónde descubrimos nuestra verdadera identidad? ¿Será posible conocer la verdad?

Conocer el origen del hombre nos ayuda grandemente a entender al hombre mismo.

En muchos salones de clase se escucha que el Reino Animal está dividido en dos, en animales irracionales, y animales racionales, es decir, el hombre. Libros académicos dicen que el hombre es un animal, descendiente del primate. Sí, racional... pero fundamentalmente, de naturaleza animal. Como consecuencia de esta creencia, sicólogos y sociólogos de nuestro tiempo, buscan comprender el comportamiento individual y social del hombre estudiando a los primates y a otras especies animales.

Muchos en el mundo moderno definitivamente ven las cosas a través del lente universal de evolución. De acuerdo a ellos, el universo entero existía en forma de energía pura, concentrada en un punto muy pequeño de menor tamaño que la cabeza de un alfiler. Repentinamente una explosión, el 'Big Bang', comenzó hace unos 13,000 millones de años un proceso en el cual átomos se fueron formando y esparciendo, evolucionando y agrupándose en moléculas y estructuras complejas y ordenadas; formando así las estrellas, galaxias, nuestro planeta Tierra, e incluso la vida: Las plantas, los peces, las aves... culminando finalmente con el hombre.

Una revista muy popular, Time Magazine, declaró en una de sus publicaciones que *"Es ventajoso para la evolución del hombre sembrar sus semillas a lo largo y ancho."* De acuerdo al artículo, la promiscuidad sexual al proveer mayores oportunidades biológicas de procreación que una relación monógama, ha contribuido al avance de la especie animal conocida como "Homo Sapiens", el ser humano. Evolución es pues, una filosofía que afecta la manera de ver y valorar nuestro mundo, y al mismo ser humano.

Un artículo titulado "Devoción y traición, matrimonio y divorcio: Cómo evolución moldeó el amor humano", refleja la idea que el hombre, sus emociones y comportamiento, es exclusivamente el resultado de las propiedades de la materia que ha ido evolucionando hasta su forma presente. Como consecuencia - de acuerdo a evolución - el amor, el odio, la justicia, y otras características no son atributos espirituales, sino meros productos materiales de evolución.

De acuerdo a cierto autor *"Al estudiar como el proceso de selección natural moldeó la mente, los sicólogos evolucionistas están pintando un nuevo retrato de la naturaleza humana."*

La filosofía evolucionista está proyectando una nueva imagen del hombre, redefiniendo su esencia, valores, expectativas y límites permitidos de auto-expresión y libertad. Pero, ¿es evolución cierta? ¿Está realmente comprobada? ¿Es acaso el hombre sólo un aglomerado de átomos y moléculas que se desintegran al dejar de funcionar en forma integrada; o existe un espíritu inmortal dentro de él? ¿Qué piensa usted?

Tal vez usted dice *"Qué importa lo que yo piense sobre este tema. Lo importante es que creo que hay un Dios. Si evolución es cierta o no... ¡No es tan importante!"*

La realidad es que, lo que usted piensa sí importa, y tiene consecuencias. Lo que usted cree sobre su origen no es simplemente una forma de pensar más, sin efectos ni ramificaciones:

> Si somos producto de una serie de accidentes, tal como evolución enseña, entonces... no somos resultado de un diseño o plan específico. Nuestra existencia carecería de propósito. Un código moral absoluto no tendría legitimidad. Toda forma de expresión incluyendo el adulterio, el engaño, el suicidio, el asesinato, el odio, y la violencia, serían expresiones legítimas de comportamiento, resultado de las propiedades inherentes de la materia.

Si en cambio hemos sido creados a la imagen de Dios; para conocerle e interactuar con Él en una relación hermosa, llena de plenitud y satisfacción; caracterizada por un verdadero sentido de realización, gozo y paz; entonces el escenario es muy distinto.

Es algo hermoso poder ejercer nuestra libertad. Dios no nos ha creado como robots, para aceptar todo lo que se nos pone enfrente sin considerar su validez o consecuencias. Hoy le invito a que ejerza la libertad que Dios le ha dado para considerar, tal vez por primera vez en forma crítica y abierta, la evidencia que nos rodea y la verdad misma sobre nuestro origen.

Hoy le invito a que me acompañe por un recorrido en el que reflexionaremos sobre el origen y destino del universo, y del hombre. Consideraremos preguntas claves; descubriendo sorprendentes respuestas que cambiarán su vida, su perspectiva del mundo, y su destino. ¡Empecemos sin más demora!

EVOLUCIÓN TEÍSTA

Algunos piensan que el universo tuvo principio sin intervención de nadie. A un científico de la NASA le preguntaron: *"¿Qué es lo que causó el Big Bang?"* Y lejos de sugerir la posibilidad de Dios, contestó *"No lo sabemos. Lo mejor que podemos adivinar es que era un nudo de espacio curvo que se soltó."*

Hay un buen número de personas, sin embargo, que piensa que Dios creó directamente todo lo que existe en seis días, tal como lo describe el primer libro de la Biblia, Génesis. Muchos de ellos son profesionales y científicos graduados de universidades de prestigio internacional. Ellos consideran que la evidencia que nos rodea armoniza mejor con la narración bíblica que con la hipótesis de evolución.

De acuerdo a ellos, la hipótesis creacionista; el que un Creador formó el universo sabia y directamente, de acuerdo a un diseño y plan específicos; es perfectamente racional. Ellos creen que Dios formó la Tierra directamente, con todos los sistemas necesarios para abrigar la vida en ella; creando los primeros seres vivos de cada especie; y finalmente al hombre, pináculo de su creación maravillosa, centro y propósito principal de ella.

Entre el grupo de los que propone que el universo evolucionó accidentalmente, sin la acción ni propósito de un Creador; y el grupo de los que creen que todo lo que existe fue creado por Dios de acuerdo a la narración bíblica; hay otro grupo: Este tercer grupo cree que Dios creó el universo; pero no directamente por el poder de su Palabra, sino por evolución; una posición que se conoce como "Evolución Teísta".

Los adeptos a la Evolución Teísta toman dicha posición en su esfuerzo por armonizar evolución con la Biblia. De acuerdo a ellos, el 'Big Bang' sí existió; pero de acuerdo a ellos, el agente que causó el 'Big Bang' es el Dios de la Biblia.

Bueno, si evolución es cierta, si la muerte es un proceso natural que Dios usó para depurar las especies débiles y enfermas que fueron evolucionando hasta llegar al hombre, entonces la Biblia estaría en error al declarar que la muerte es resultado directo del pecado.

Es más, si Dios inició el universo con una explosión hace miles de millones de años, dejando luego todo a su suerte; entonces Dios no tendría mayor control sobre lo que ocurre actualmente en el universo; y de hecho sería un Dios muy lejano a su creación.

La Biblia enseña sin embargo, que Dios está en control; y se involucra en los asuntos de la vida diaria. Dios es poderoso para actuar; y de hecho actúa en nuestras circunstancias, aun el día de hoy. Mateo, uno de los discípulos de Jesucristo, dejó grabadas en su evangelio las siguientes palabras del Hijo de Dios:

> *"Mirad las aves del cielo, que no siembran, ni siegan, ni recogen en graneros; y sin embargo, vuestro Padre celestial las alimenta. ¿No sois vosotros de mucho más valor que ellas?*

"Mirad las aves del cielo,
que no siembran, ni siegan,
ni recogen en graneros; y sin embargo,
vuestro Padre celestial las alimenta.

¿No sois vosotros
de mucho más valor que ellas?"

Mateo 6:26

¿Y quién de vosotros, por ansioso que esté, puede añadir una hora al curso de su vida?

Y por la ropa, ¿por qué os preocupáis? Observad cómo crecen los lirios del campo; no trabajan, ni hilan; pero os digo que ni Salomón en toda su gloria se vistió como uno de éstos. Y si Dios viste así la hierba del campo, que hoy es y mañana es echada al horno, <u>¿no hará mucho más por vosotros, hombres de poca fe?</u>

Por tanto, no os preocupéis, diciendo: "¿Qué comeremos?" o "¿qué beberemos?" o "¿con qué nos vestiremos?" Porque los gentiles buscan ansiosamente todas estas cosas; que <u>vuestro Padre celestial sabe que necesitáis todas estas cosas</u>. Pero <u>buscad primero su reino y su justicia, y todas estas cosas os serán añadidas.</u>" Mateo 6:26-33.

Jesús también dijo:

"*Pedid, y se os dará; buscad, y hallaréis; llamad, y se os abrirá. Porque todo el que pide, recibe; y el que busca, halla; y al que llama, se le abrirá.*

¿O qué hombre hay entre vosotros que si su hijo le pide pan, le dará una piedra, o si le pide un pescado, le dará una serpiente?

Pues si vosotros, siendo malos, sabéis dar buenas dádivas a vuestros hijos, ¿cuánto más <u>vuestro</u>

Padre que está en los cielos dará cosas buenas a los que le piden? Mateo 7:7-11.

Jesús revela pues, a un Dios cercano; un Dios que escucha y responde; un Dios íntimamente ligado a nuestras vidas, involucrado en ellas, capaz de actuar, cancelando o modificando las circunstancias que afectan a sus hijos.

CREADOS A LA IMAGEN DE DIOS

Una revista científica, tratando de entender la violencia humana desde el punto de vista del evolucionismo, dice que los *"primatólogos* (es decir, los que estudian el comportamiento de los primates) *sugieren que el comportamiento agresivo debe ser visto como una forma normal de competencia y negociación entre los grupos, y no como un instinto fundamentalmente antisocial."*

Un momento, ¿vamos a creer acaso que, cuando un niño ve a su padre golpear violentamente a su madre, lo que está presenciando es simplemente *"una forma normal de competencia y negociación"*? Esa sería la conclusión lógica si hemos sido creados a la imagen del simio.

Si bien no todos comparten esta creencia, muchas personas lamentablemente piensan así; trayendo consecuencias sociales y espirituales ¡desastrosas!

ENTENDIENDO LA VIOLENCIA

Muchos, lejos de entender que el pecado ha desfigurado nuestra manera de ser, buscan descifrar el comportamiento humano fuera del marco de la revelación bíblica; esperando comprender y justificar el comportamiento humano al estudiar el comportamiento de los animales.

¿Será posible que todo lo que existe en nuestro universo, las galaxias, estrellas, nuestro planeta, la vida en la Tierra incluyendo al hombre, se originara en una explosión? ¿Será posible que el hombre descienda del simio?

El mundo que nos rodea es complejo y maravilloso; ya sea que bajemos a las profundidades del mar y apreciemos la diversidad de peces de varios diseños y colores; ya sea que caminemos por los campos admirando las flores; o levantemos la vista al firmamento y estudiemos las galaxias; o subamos en una nave espacial contemplando desde el espacio nuestro bello planeta, la Tierra.

Para la mente sin prejuicio, sería muy difícil pensar que todo esto es resultado de accidente. Y la Biblia no dice nada de evolución. No, Dios no dice nada de evolución. El Creador no dice que seamos animales; mas bien declara – sin lugar a duda - habernos creado en forma personal, a su imagen y semejanza; no a la imagen de un animal. En Génesis 1:26 -27 leemos:

"Y dijo Dios: Hagamos al hombre a nuestra imagen, conforme a nuestra semejanza... Creó, pues, Dios al hombre a imagen suya, a imagen de Dios lo creó; varón y hembra los creó."

"Y dijo Dios:

Hagamos al hombre a nuestra imagen, conforme a nuestra semejanza"

Génesis 1:26

GRAN MENTIRA

Una figura espiritual de gran influencia dentro de su denominación religiosa, en este caso un paleontólogo; al abrazar apasionadamente evolución concluyó que la maldad era meramente dolores de crecimiento dentro del proceso cósmico; el desorden que es implícito al orden en proceso de realización.

Y es que, de ser cierta evolución; las acciones de un hombre, aun la de aquel que en su arranque de lujuria viola sexualmente a una jovencita, serían justificadas naturalmente. De hecho no se podrían condenar.

Si todo se hubiera derivado accidentalmente, como resultado único de las propiedades de la materia; evolucionando de átomos a moléculas, de moléculas a células, de la ameba hasta llegar al hombre; entonces el hombre no sería un agente moral libre, sino el resultado de las propiedades de la materia. El bien y el mal no existirían. La moralidad no tendría legitimidad; sería simplemente un concepto arbitrario y relativo.

Si en cambio somos resultado del diseño y plan específico de un Creador, entonces hay un propósito para nuestras vidas. Esto conlleva además de grandes privilegios, grandes responsabilidades. Si somos hechos a la imagen de Dios, entonces debemos tratar a los seres humanos con una dignidad muy especial, no importa si son bebés o ancianos, enfermos o saludables. La criatura en el vientre de una madre no sería simplemente un poco de tejido; sino una vida hecha a la imagen de Dios, digna de ser respetada y protegida.

Jesús dijo que tenemos un enemigo que desea destruirnos, un adversario que usa un arma muy efectiva, el engaño. Alertándonos sobre ello, Jesús nos dice que el diablo

> *"fue un homicida desde el principio, y no se ha mantenido en la verdad porque no hay verdad en él. Cuando habla mentira, habla de su propia naturaleza, porque es mentiroso y el padre de la mentira."* Juan 8:44.

Usted busca respuestas para su existencia; pero evolución no las provee. Es más, si no existe un Dios personal, que nos creó y que está cerca de nosotros; un Dios que nos ama, y que tiene propósito para nuestras vidas; entonces la vida no tiene ningún sentido o razón de ser.

El engaño, los suicidios, la infidelidad, los asesinatos, las violaciones… encuentran terreno fértil en un ambiente que ignora a su Creador. Claro que se pueden reprimir desde afuera, mediante leyes que restrinjan dichos comportamientos, con el propósito de preservar al ser humano. Pero dichas leyes no tienen poder para cambiar el corazón del hombre.

Es más, si el ser humano es resultado de accidente, sin propósito específico, ¿por qué preocuparnos por preservar al ser humano? ¿Por qué he de respetar la vida ajena a costa de mi placer y conveniencia; si sólo somos animales formados por accidente?

Un pueblo que vive bajo la luz de la revelación sobrenatural, y el conocimiento de su Creador, cosecha un fruto muy distinto; el del respeto a la vida, la armonía, justicia, amor, gozo y paz.

Abramos bien los ojos ante el universo que nos rodea: Éste no dice nada de evolución, sino más bien habla de un Creador. Nuestro universo está formado con gran inteligencia y sabiduría. De hecho, el hombre se desarrolla científica y técnicamente en la medida que lo observa y estudia su orden, descubriendo y aprendiendo de las leyes sabias que lo rigen.

David, el pastor de ovejas y poeta, que llegara a ser un gran Rey en Israel; dejó plasmadas en el Salmo 19 las siguientes hermosas palabras:

"Los cielos proclaman la gloria de Dios, y la expansión anuncia la obra de sus manos.

Un día transmite el mensaje al otro día, y una noche a la otra noche revela sabiduría.

No hay mensaje, no hay palabras; no se oye su voz. Mas por toda la tierra salió su voz, y hasta los confines del mundo sus palabras."

En el Salmo 139 David declaró:

"maravillosas son tus obras, y mi alma lo sabe muy bien"

"... Detente y considera las maravillas de Dios..."
Job 37:14

"En el glorioso esplendor de tu majestad, y en tus maravillosas obras meditaré."
Salmo 145:5

La belleza de una puesta de Sol; el firmamento extenso y sublime adornado con sus estrellas; todo ello anuncia que hay un Gran Dios detrás de la creación.

El anuncio no es en español, inglés, u otro idioma audible; sino en la voz - en el idioma silencioso pero universal - del testimonio poderoso que la creación da de su Creador. Esa voz que la conciencia humana, no ensordecida por el mundo, puede escuchar claramente.

El gran apóstol Pablo habló del testimonio que la creación da de su Creador; y dijo que Dios no se agrada al ver que los hombres restringen la verdad, la verdad de que hemos sido creados por Dios; un Dios cuyos atributos divinos se ven claramente por lo creado. Pablo, en su carta a los Romanos 1:18-22 declaró:

"la ira de Dios se revela desde el cielo contra toda impiedad e injusticia de los hombres, que con injusticia restringen la verdad;

porque lo que se conoce acerca de Dios es evidente dentro de ellos, pues Dios se lo hizo evidente.

Porque desde la creación del mundo, sus atributos invisibles, su eterno poder y divinidad, se han visto con toda claridad, <u>siendo entendidos por medio de lo creado</u>, de manera que no tienen excusa.

Pues aunque conocían a Dios, no le honraron como a Dios ni le dieron gracias, sino que se hicieron vanos en sus razonamientos y su necio corazón fue entenebrecido.

Profesando ser sabios, se volvieron necios"

Así es, el hombre profesando ser sabio se hizo necio al rechazar el testimonio de la creación misma. Y su oscuridad se profundiza aún más cuando rechaza el testimonio de la Palabra de Dios encontrada en el libro de Génesis; palabra confirmada por Jesús mismo y los apóstoles, acerca del origen y propósitos del universo y del hombre.

Cada vez que se estudian las leyes de la naturaleza en una clase de ciencias; o se observan las maravillas de la creación en un programa de televisión; ya sea que el objeto de nuestra admiración sea el reino animal, o el vasto firmamento, o el cuerpo humano, o cualquier otro objeto maravilloso de la creación de Dios... el hombre en su estado libre y sano, reconocería la mano poderosa de su Creador; sintiendo a la vez admiración y agradecimiento hacia Él.

Pero en lugar de dársele reconocimiento y gloria al Creador en las aulas escolares, o en las salas de televisión familiar, se guarda silencio; y la imaginación divaga considerando lo supuestos procesos evolutivos que reciben ¡todo el crédito! Nos hemos vueltos vanos en nuestros razonamientos.

Cada vez que se estudian las leyes de la naturaleza en una clase de ciencias; o se observan las maravillas de la creación en un programa de televisión; ya sea que el objeto de nuestra admiración sea el reino animal, o el vasto firmamento, o el cuerpo humano, o cualquier otro objeto maravilloso de la creación de Dios... el hombre en su estado libre y sano, reconocería la mano poderosa de su Creador; sintiendo a la vez admiración y agradecimiento hacia Él.

Tal vez usted responde *"No, es que usted no entiende; yo no digo que Dios no haya creado el universo, lo que yo digo es que lo hizo por medio de evolución"* Amigo, ése es un gran engaño. De hecho, cada día aumenta el número de profesionales académicos que están descubriendo las raíces religiosas de evolución; hombres y mujeres destacados en sus campos, quienes cuestionando legítimamente la hipótesis desde el punto de vista científico, han concluido que evolución es una hipótesis deficiente y mala.

TODO ERA BUENO

De acuerdo a la Biblia, todo lo que Dios creó era bueno. La Palabra de Dios lo reitera no una, ni dos, ni tres veces; sino seis veces en el primer capítulo de Génesis, al describir la creación del universo.

La sexta vez que Dios declara, al final de su creación, que lo creado era bueno, dice Génesis 1:31 que *"vio Dios todo lo que había hecho, y he aquí que era bueno <u>en gran manera</u>. Y fue la tarde y fue la mañana: el sexto día."*

Así es, Dios dice que lo creado fue bueno en gran manera. Eso no da lugar a enfermedades y muerte. Darwin en cambio, propuso que en la lucha por la supervivencia, unos animales competían violentamente contra otros; de manera que los más agresivos y poderosos triunfaban a costa de los débiles y enfermizos, dando así lugar a la evolución de especies superiores y complejas.

Según Darwin, las especies mejor equipadas para prosperar en su medio ambiente natural eran las que sobrevivían; mientras que las especies débiles desaparecían. Esto es lo que se conoce como Selección Natural.

Bueno, selección natural ocurre; pero no es prueba de evolución. Selección natural selecciona a las variedades mejor equipadas para sobrevivir en un medio ambiente particular, pero no crea nuevas características. Y ése fue el problema fundamental que tuvo Darwin al formular su hipótesis: Él no pudo explicar exitosamente cómo se originaron las características nuevas que se necesitaron para la selección de las nuevas especies.

Ante el vacío dejado por Darwin, los evolucionistas modernos en lugar de descartar la hipótesis de evolución, buscando una solución a su dilema, propusieron que las nuevas características, y por ende las nuevas especies, se desarrollaron gracias a mutaciones genéticas.

Las mutaciones genéticas consisten en cambios en las células de los organismos vivos. Estas mutaciones son reales; y son resultado del efecto nocivo de sustancias encontradas en el medio ambiente, la radioactividad, o los rayos cósmicos. Pero ésa es una pésima solución al problema, pues si algo sabemos de las mutaciones genéticas es que éstas causan enfermedades, no el mejoramiento de las especies.

La Palabra de Dios es incompatible con la hipótesis de la evolución. De haber sido evolución el mecanismo que Dios usó para crear el universo y las especies animales, no creo que hubiera declarado al final del proceso creativo que éste era bueno.

Es difícil pensar que Dios califique de bueno un escenario donde los animales pelean y se despedazan ferozmente unos a otros, agonizando por sobrevivir; un escenario caracterizado por especies imperfectas y desajustadas, sufriendo todo tipo de enfermedad, dolor y muerte.

> "Y vio Dios todo lo que había hecho, y he aquí que era bueno en gran manera. Y fue la tarde y fue la mañana: el sexto día."
>
> Génesis 1:31

Es difícil pensar que Dios califique de bueno un escenario donde los animales pelean y se despedazan ferozmente unos a otros.

La Biblia dice que la muerte no existía antes que Adán y Eva pecaran. El apóstol Pablo escribió que *"la paga del pecado es muerte."* Romanos 6:23.

Las Sagradas Escrituras nos enseñan que cuando Dios creó al hombre, lo puso en un lugar muy hermoso, el Edén. En dicho paraíso, Adán y Eva se paseaban románticamente entre los árboles del huerto que Dios había plantado; disfrutando de sus diversos y deliciosos frutos; gozando de una bella comunión entre ellos, y con Dios y su creación. Era una vida hermosa; llena de paz, gozo y realización.

Pero un día Eva cometió un gran error, y todo cambió. Eva, aceptando la invitación de Satanás, decidió ignorar la Palabra de Dios; yendo en contra de su voluntad y plan amoroso. Adán, participando en este acto de desobediencia, cayó en un estado de corrupción moral y física.

Como consecuencia del pecado, Adán y Eva trajeron muerte al mundo; la muerte natural advertida por Dios. Desde ese momento todos nacemos con un cuerpo afectado por el pecado, destinado a morir físicamente; un cuerpo que sólo Dios puede transformar en un cuerpo perfecto e inmortal.

Pero el hombre además de su cuerpo y mente, tiene un espíritu creado para existir por toda la eternidad. Con el pecado se produjo una separación; un cisma entre el espíritu del hombre y su Dios. Y así como el cuerpo está muerto si está separado de la cabeza; así el espíritu, aunque sigue existiendo, está muerto al ser separado de su Dios.

El fruto inmediato del pecado en Edén fue la muerte espiritual; el rompimiento de la bella comunión que existía entre el hombre y su Dios. Desde el evento de Edén todos los seres humanos nacemos con un espíritu separado de Dios, un espíritu muerto; un espíritu el cual sólo Dios puede restaurar a la vivencia plena para la cual fue creado. Jesús habló de esta posibilidad:

En Juan 5:25 el Hijo de Dios declaró:

"En verdad, en verdad os digo que viene la hora, y ahora es, cuando los muertos oirán la voz del Hijo de Dios, y los que oigan vivirán."

Jesús no estaba hablando de muertos en el sentido físico, sino todos los muertos hubieran resucitado por donde Él iba pasando. No, Jesús se refería a que los que escuchan y reciben su voz, la voz del Hijo de Dios; experimentan un renacer espiritual.

A Nicodemo, un líder religioso prominente entre los judíos, Jesús le dijo: *"No te asombres de que te haya dicho: "Os es necesario nacer de nuevo." El viento sopla donde quiere, y oyes su sonido, pero no sabes de dónde viene ni adónde va; así es <u>todo aquel que es nacido del Espíritu</u>."* Juan 3:7-8.

A sus discípulos el Hijo de Dios les dijo: *"El Espíritu es el que da vida; la carne para nada aprovecha; las palabras que yo os he hablado son espíritu y son vida."* Juan 6:63.

¿Tiene usted el corazón abierto para oír y recibir las palabras que le pueden dar la vida eterna que el Hijo de Dios ofrece?

La muerte, las enfermedades y el deterioro que el universo ahora exhibe son resultado del pecado. Satanás no desea que lo reconozcamos para que no hagamos nada al respecto; él es nuestro adversario, deseoso que sigamos ciegamente por el camino de destrucción.

Pero la oscuridad espiritual y el pecado son reales; y sus consecuencias ¡devastadoras!

La Revelación De Las Escrituras

La creación: Las estrellas, los pajarillos, las flores… todo ello habla de un Creador. Pero no nos da respuestas al por qué de las enfermedades y la muerte. El universo calla ante el llanto de la madre que tiernamente acaricia a su hijo que muere entre sus brazos; o ante el dolor y caos que la violencia de una cruenta guerra trae sobre tantas vidas.

El hombre busca respuestas. Si bien el universo habla de que hay un Creador, es en la Biblia donde encontramos la razón del estado actual del universo y la humanidad. Y es la Biblia, no evolución, la que nos ofrece verdadera esperanza y vida eterna.

Muchas personas creen que Dios creó al hombre por evolución sin darse cuenta que el orden de eventos revelados en la Biblia, contradice el orden de los eventos propuestos por evolución. Por ejemplo, la Biblia revela que Dios creó la Tierra en el primer día; y al Sol, la Luna y las estrellas hasta el cuarto día. Evolución enseña lo contrario; que el Sol fue formado antes que la Tierra.

Muchos que creen en evolución teísta, es decir que Dios creó al universo por evolución; piensan que los días de la creación eran simplemente períodos largos de tiempo. Mas la Palabra de Dios no es compatible con ese pensamiento. Al revelar Dios el orden de los eventos en el libro de Génesis, declara que hubo tarde y que hubo mañana en cada día de la creación; de manera que los días de la creación son dados a entender, por Dios mismo, como días normales.

La Biblia enseña que Dios creó las plantas el tercer día, y el Sol hasta el cuarto día. Si estos días no hubiesen sido días normales; si fueron períodos de millones de años de duración, entonces las plantas se hubieran muerto en el tercer día ¡esperando a que saliera el Sol!

Los darvinistas modernos enseñan que las aves evolucionaron de los reptiles. La Biblia sin embargo, contradice este orden; revelando que las aves fueron creadas primero, en el quinto día; habiendo sido creados los reptiles hasta después, hasta el sexto día.

Amigo, si Dios consideró importante revelarnos el orden de la creación, no nos va a dar un orden equivocado. ¿A quién vamos a creerle? Pablo escribió *"Antes bien, sea hallado Dios veraz, aunque todo hombre sea hallado mentiroso."* Romanos 3:4.

Tal vez usted dice: *"Pero ¿qué de los científicos que creen en evolución?"* Bueno, los científicos no son Dios. Ellos se equivocan; y de hecho, siempre están revisando sus hipótesis y teorías.

Algunos científicos no han evaluado críticamente evolución. Otros en cambio, no se sienten motivados en reconocer la existencia de un Creador, pues tendrían que vivir de manera aceptable a Él. Estando sus corazones velados del gran amor y propósitos de Dios para sus vidas, prefieren evitar a Dios. Pero ellos también un día, tendrán que dar cuenta de sus acciones ante Él.

¿Sabía usted que los cuatro evolucionistas prominentes del siglo XX eran ateos? Uno de ellos, Carl Sagan, escribió de la supuesta insignificancia del ser humano, añadiendo que "*Nuestro planeta es un puntito solitario en la gran oscuridad cósmica que lo envuelve. En nuestra oscuridad, en medio de esta vastedad, no hay ningún indicio que ayuda vendrá de ningún lugar para salvarnos de nosotros mismos.*"

Eso es lo que quiere Satanás, que creamos que somos insignificantes; que no existe un Salvador para la humanidad, un Salvador de nuestra alma, un Salvador capaz de rescatarnos de nuestras miserias y crisis temporal y eterna.

Otro de estos prominentes evolucionistas, Isaac Asimov, dijo: *"Yo soy ateo, no tengo la evidencia para probar que Dios no existe, pero no deseo perder mi tiempo"*

Bueno, le aseguro que si Dios existe, no es perder el tiempo averiguarlo y conocerle. Si yo me equivoco y Dios no existe, y al morirnos todo se acaba; el haber creído en Dios no tendría ninguna consecuencia para mí. Pero si yo, al igual que muchos a través de la historia de la humanidad, estamos en lo correcto; y Dios existe y su Cristo vive; entonces aquel que lo ignora y vive en desobediencia… ¡tiene mucho que perder y temer al morir!

La Verdadera Ciencia

La ciencia ejercida sin prejuicios, apoya la hipótesis de una creación directa. Si bien no podemos cubrir en un pequeño folleto, los distintos argumentos científicos que armonizan con los eventos narrados en el libro de Génesis, incluyendo el diluvio universal; aprovecho a mencionar un par de elementos.

¿Sabía usted que estudios genéticos han demostrado que toda la raza humana proviene de una sola madre? Alan Wilson, profesor de bioquímica de la prestigiosa Universidad de Berkeley, en California, EE. UU. declaró en 1989 que la tecnología que respalda dicha afirmación es cada vez más avanzada y conclusiva. La evidencia científica está en total acuerdo con las Sagradas Escrituras. Y no es de sorprender; la verdadera ciencia no puede oponerse al Científico por excelencia, al Creador de las leyes que rigen el universo.

El Dr. Dmitry Kuznetsov, quien además de ser doctor en medicina tiene un doctorado en ciencias; declaró que los datos científicos encajan mucho mejor con un punto de vista creacionista que con evolución. De acuerdo a sus propias palabras él rechaza "*su pasado ateo, de evolución dogmática*". Dicho destacado científico ha publicado más de 40 artículos técnicos en genética, neurociencia y biología molecular; habiendo dictado varias conferencias científicas en universidades prestigiosas de Estados Unidos.

Como el Dr. Kuznetsov hay un gran número de científicos de gran calibre que rechazan evolución; precisamente porque tienen la suficiente autoridad académica para rechazar los argumentos débiles, y las aseveraciones equivocadas, de evolución.

¿Sabía usted que estudios genéticos han demostrado que toda la raza humana proviene de una sola madre?

Científicos Rechazan Evolución

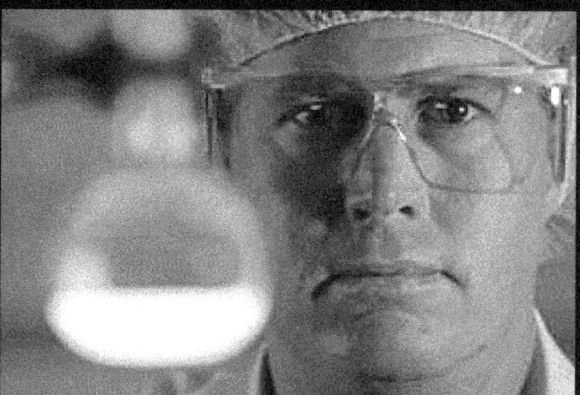

Hay un gran número de científicos que rechazan evolución; precisamente por que tienen la suficiente autoridad académica para rechazar los argumentos débiles, y las aseveraciones equivocadas, de evolución.

Algo importante al considerar el origen de la vida es entender que la materia inerte, con sus átomos y moléculas, no tiene la propiedad de organizarse por sí misma, en los sistemas ordenados y complejos que encontramos en nuestro universo.

Si vamos a Egipto y observamos las pirámides, podemos concluir que seres inteligentes las construyeron. Lo mismo podemos decir de las pirámides de Teotihuacán en México, o las de Tikal en Guatemala, o las estructuras impresionantes de Machu Picchu. ¿Por qué podemos decir que un ser inteligente las formó? Muy fácil, sabemos que las piedras no tienen la propiedad de organizarse por sí mismas en dichas estructuras complejas.

El avión es un caso similar, la obra tecnológica de un ser inteligente. Considérelo usted: Las diversas piezas que forman el avión son cuidadosamente fabricadas a partir de varios materiales tales como el aluminio, titanio, y otros metales; además de polímeros y plásticos especializados. Estas piezas son luego integradas en forma minuciosa, de acuerdo a un diseño específico, formando una máquina capaz de volar. El aluminio no vuela, la gasolina tampoco; es la organización de todo el sistema, fabricado a partir de materiales adecuados, y de acuerdo a un diseño efectivo, lo que hace que el avión vuele.

Note que el diseño del avión es externo a los materiales. La organización de sus elementos requiere un proceso externo y directo por parte de un ser inteligente.

Diseño Inteligente

El diseño de un avión es externo a los materiales. La organización de sus elementos requiere un proceso externo y directo por parte de un ser inteligente.

Pensar que el avión, cuyas partes están integradas con un propósito, pueda ser resultado de procesos fortuitos; sería absurdo. Un avión no ocurre naturalmente por accidente. De hecho, un error en su diseño produciría ¡un accidente fatal!

Similarmente en el campo de la biología, los átomos no tienen la capacidad de organizarse por sí mismos, en los arreglos necesarios para formar las primeras células. Y la célula más sencilla ¡es mucho más compleja que un avión moderno!

Descansando en los conocimientos científicos más avanzados sabemos que la probabilidad de que los átomos se hayan organizado inicialmente en cualquier célula, gracias a procesos fortuitos; es una imposibilidad química y estadística.

Claro está que en nuestros tiempos modernos, un equipo de hombres podría escoger materiales apropiados y organizarlos hasta formar una pirámide, la copia exacta de la Gran Pirámide de Giza en Egipto. De igual manera puede que un día el hombre ponga los ingredientes ideales en el laboratorio; excluyendo toda sustancia desfavorable, y forzando las condiciones apropiadas para formar una célula a partir de sus átomos.

Pero dichos ejemplos no podrían usarse como prueba de que la pirámide y la célula evolucionaron accidentalmente. Al contrario, ellos constituirían un excelente argumento a favor de que tanto la Gran Pirámide como la célula, necesitaron el diseño, los materiales apropiados y la intervención de un ser inteligente para organizarlos en una manera específica; pues su organización no se deriva naturalmente de sus propiedades.

Considérelo bien, las mutaciones genéticas no pueden ser los progenitores de la gran variedad de vida que encontramos en nuestro planeta. ¡Las mutaciones son una desgracia no una ventaja!

El accidente nuclear de Chernobyl, ocurrido en la otrora Unión Soviética, produjo animales con defectos biológicos monstruosos, animales con menor oportunidad de sobrevivir que los normales. La radiación, y su impacto en la vida animal, no resultó en mejoras del medio ambiente, ni beneficiaron ninguna forma de vida.

¿Será posible que el órgano de la vista, con su ingenioso lente orgánico, su diafragma para regular automáticamente la cantidad de luz que entra, receptores de imágenes, transmisores e interpretadores de la imagen, músculos para mover el ojo adonde se necesite mover, y párpados para protegerlo; sea el resultado de mutaciones accidentales, tal como creen los evolucionistas? ¡Imposible!

Imagínese qué pesadilla si los sistemas biológicos tuvieron que evolucionar poco a poco. ¿Cuánto tiempo transcurrió para que el hombre desarrollara la habilidad de poder tragar los alimentos automáticamente hacia el estómago y no hacia los pulmones? Ahí se hubiera acabado la primera pareja de la humanidad, con los pulmones llenos de agua o comida ¡por el primer descuido!

¿Cuánto tiempo pasó para que la sangre del hombre desarrollara la capacidad de coagular? Con la primera cortadita se hubiera acabado la humanidad; si no se hubiera sangrado hasta morir, las bacterias hubieran entrado al sistema interno produciendo una infección sistémica fatal.

El ser humano está definitivamente formado por una gran cantidad de sistemas integrados, sistemas que necesitan trabajar en perfecta armonía, simultáneamente. Los órganos individuales del ser humano no tienen razón de existir para sí mismos, excepto en el contexto de todo el sistema completo al que pertenecen. Si los órganos que forman el cuerpo humano tienen un propósito ¡cuánto más lo tiene el ser humano!

La complejidad del ser humano no puede ser resultado de procesos accidentales. Ni las explosiones ni los accidentes producen diseño y propósito.

El hombre, con toda su tecnología moderna, ha producido sistemas y máquinas ingeniosas; pero nunca algo tan complejo y maravilloso como la célula. Imagínese un diseño que se auto reproduce así mismo. Ya quisiera poder juntar mi carro con el del vecino ¡para reproducir carritos!

Los conocimientos científicos no respaldan evolución. Evolución sigue siendo una hipótesis sin comprobar. Hasta ahora no se han encontrado especies en transición.

El llamado eslabón perdido sigue perdido:

- El hombre Neandertal se ha desechado como el eslabón perdido.
- El Hombre Nebrasca, o Hesperopitecus, era solamente una extrapolación exagerada a partir de un colmillo; que posteriormente se descubrió pertenecer a un cerdo extinto.
- El hombre Piltdown, que se presentara por décadas como el eslabón perdido, era tan sólo un engaño: La mandíbula de un chimpancé había sido sagazmente acoplada a un cráneo humano.
- El famoso esqueleto comúnmente conocido como Lucy, científicamente llamado Australopítecus Afarensis, ya ha sido descartado sin haber quien lo reemplace.

De acuerdo a evolución algunos reptiles sufrieron innumerables cambios accidentales; transformaciones fortuitas graduales, y en una misma dirección fisiológica; culminando así en una nueva especie, las aves, ¡todo por accidente!

Pero pensémoslo bien, si un reptil naciera de repente con escamas deformes, en proceso de convertirse en plumas; y si naciera también con piernas en proceso de convertirse en alas; se encontraría en una ¡tremenda desventaja! Sus patas, anormales y torpes, no serían de mucha ayuda para huir de otros animales. Pobre animal, sería digno de lástima; siendo fácil presa de otros.

¿Aves de los Reptiles?
¡Imposible!

Si un reptil naciera de repente con escamas deformes, en proceso de convertirse en plumas; y si naciera también con piernas en proceso de convertirse en alas; se encontraría en una tremenda desventaja, siendo fácilmente eliminado del escenario.

De acuerdo a los mismos principios de selección natural, dicha criatura en transición desaparecería del escenario.

Vemos pues que, lo que la lógica y la evidencia nos muestran, es que cualquier cambio genético que represente una desviación fundamental del diseño original de una especie, sería destructivo.

Un escritor evolucionista dijo que:

> *"A pesar de los avances científicos increíbles de las décadas pasadas, incluyendo el uso de la genética para rastrear nuestra historia común, la oscuridad aparece frecuentemente volverse más profunda"*.

Precisamente ése es el resultado de ir contra la evidencia que nos rodea, mayor oscuridad. Y los resultados sociales y espirituales ¡son catastróficos!

Evolución o Creación Se Cree Por Fe

Ningún evolucionista estaba presente durante la formación del universo. El que cree en el evolucionismo lo hace por fe. De igual manera el que cree en el creacionismo lo hace por fe. Sólo que hay dos grandes diferencias:

Primero, se necesita más fe para creer que todo el diseño

y orden maravilloso del universo se originó a partir de una gran explosión, que creer que haya sido originado por un Arquitecto Sobrenatural.

Segundo, nadie ha podido ver evolución en acción. Sólo existe en los libros, como una hipótesis jamás observada. Y, aunque no vemos creación ocurriendo rutinariamente en nuestros días; hace 2,000 años la humanidad pudo presenciar el poder creador del Hijo de Dios:

Miles de personas fueron testigos del poder de Jesús cuando multiplicó, en dos ocasiones, panes y peces para alimentarlos. Toda una villa fue impactada cuando Jesús levantó de la muerte a su amigo Lázaro, quien llevaba cuatro días de muerto. Y mucho más: El Hijo de Dios convirtió el agua en vino en las Bodas de Caná; abrió los ojos de los ciegos; calmó la tempestad que azotaba la barca de sus discípulos en el Mar de Galilea; y resucitó a otros muertos. Todo por el poder de su Palabra, palabra poderosa y capaz de crear a partir de la nada.

La Biblia dice en Génesis 1:1 que *"En el principio creó Dios los cielos y la tierra."*.

El Salmo 33:6,9 dice que *"Por la palabra del SEÑOR fueron hechos los cielos, y todo su ejército por el aliento de su boca... El habló, y fue hecho; El mandó, y todo se confirmó"*

Así es, Dios es infinitamente poderoso para crear por el poder de su Palabra. Es indudable que la Biblia habla de una creación directa pasada. Pero, ¿sabía usted que la

Biblia habla también de una creación futura?

Así es, las Sagradas Escrituras dicen que, cuando Jesús venga por los suyos, seremos todos resucitados en un instante. Y Dios no necesitará miles de millones de años para crear y perfeccionar nuestros cuerpos, ¡No! En un abrir y cerrar de ojos los recreará, cuerpos muy superiores a los que tenemos en la actualidad.

El apóstol Pablo escribió en su primera carta a los discípulos de Corinto:

> *"He aquí, os digo un misterio: no todos dormiremos, pero todos seremos transformados; en un momento, en un abrir y cerrar de ojos, a la trompeta final; pues la trompeta sonará y los muertos resucitarán incorruptibles, y nosotros seremos transformados.*
>
> *Porque es necesario que esto corruptible se vista de incorrupción, y esto mortal se vista de inmortalidad. Pero cuando esto corruptible se haya vestido de incorrupción, y esto mortal se haya vestido de inmortalidad, entonces se cumplirá la palabra que está escrita: Devorada ha sido la muerte en victoria.*
>
> *¿Dónde está, oh muerte, tu victoria? ¿Dónde, oh sepulcro, tu aguijón? El aguijón de la muerte es el pecado, y el poder del pecado es la ley; pero a Dios gracias, que nos da la victoria por medio de nuestro Señor Jesucristo."* I Corintios 15:51-57.

Una Nueva Creación

Dios no necesitará miles de millones de años para crear y perfeccionar nuestros cuerpos, ¡No!

En un abrir y cerrar de ojos los recreará, cuerpos muy superiores a los que tenemos en la actualidad.

Cumplió su promesa y demostró su poder resucitando a Jesús hace 2,000 años; y cumplirá su promesa y demostrará su poder una vez más resucitándonos en un abrir y cerrar de ojos.

Una Invitación

Jesús le dijo a sus seguidores que vendría por ellos, que nos ama tanto que – si bien se iba al Padre – era sólo por un tiempo. Se iba a preparar moradas celestiales, y regresaría por nosotros para que siempre estemos con Él.

Juan nos dejó escritas en su evangelio las hermosas palabras dichas por Jesús en esa ocasión:

"En la casa de mi Padre hay muchas moradas; si no fuera así, os lo hubiera dicho; porque voy a preparar un lugar para vosotros. Y si me voy y preparo un lugar para vosotros, vendré otra vez y os tomaré conmigo; para que donde yo estoy, allí estéis también vosotros." Juan 14:2-3

¿Y qué mientras viene Jesús? Bueno, el Hijo de Dios está muy activo, dirigiendo una gran obra de restauración en la Tierra. La Biblia dice que Jesús está restaurando a todos aquellos que lo reciben de corazón en sus vidas.

Pablo escribió en su segunda carta a los creyentes de Corinto que

> *"cuando alguno se vuelve al Señor, el velo es quitado. Ahora bien, el Señor es el Espíritu; y donde está el Espíritu del Señor, hay libertad. Pero nosotros todos, con el rostro descubierto, contemplando como en un espejo la gloria del Señor, <u>estamos siendo transformados en la misma imagen</u> de gloria en gloria, como por el Señor, el Espíritu."* II Corintios 3:16-18.

Notemos que cuando venimos a Jesús, Él abre nuestros ojos y nos da su Santo Espíritu; quien después de hacernos nacer espiritualmente, empieza a moldear nuestro carácter y persona; tal como acabamos de leer *"transformándonos en la misma imagen, de gloria en gloria, como por el Señor, el Espíritu."*

Dios está pues, moldeando a sus hijos; transformándolos a la misma imagen y belleza de su Hijo Jesús. Nuestro Creador no es un ser lejano en el tiempo y el espacio. Pablo escribió que

> *"para los que aman a Dios, todas las cosas cooperan para bien, esto es, para los que son llamados conforme a su propósito. Porque a los que de antemano conoció, también los predestinó a ser hechos conforme a la imagen de su Hijo, para que Él sea el primogénito entre muchos hermanos;"* Romanos 8:28-29.

¡Qué grandiosa esperanza! Y ¡qué hermoso saber que nuestras circunstancias tienen un propósito bueno, aun mientras esperamos la venida de nuestro Señor!

Amigo, Dios lo está llamando para que le conozca; para que conozca su voluntad y carácter; y para convertirlo – por el poder de su Espíritu - en instrumento de su luz; embajador que declare su grandeza e invite a otros a entrar a tan gran bendición eterna.

En el evangelio de Mateo 5:14 Jesús dice *"vosotros sois la luz del mundo"*. Pedro en su primera epístola nos enseña que los que aceptan el llamado de Jesús, pasan a ser parte de "*un pueblo santo adquirido para posesión de Dios, a fin de anunciar las virtudes de aquel que nos llamó de las tinieblas a su luz admirable.*" I Pedro 2: 9.

Respecto al destino del ser humano, la Biblia habla de dos posibilidades: O vida eterna, o muerte espiritual eterna. Sí, lamentablemente existe la muerte espiritual eterna; es decir, una separación permanente e irreversible entre el hombre y Dios. Cuando el hombre rechaza la vida y salvación que Dios le ofrece por medio de su Hijo Jesucristo; su destino es muy solitario y miserable, sellado para toda la eternidad.

Pero gracias al Señor Jesús tenemos una bella opción, la de abrazar la vida eterna que Dios nos ofrece; convirtiéndonos en miembros de su familia, hijos adoptados y amados; ciudadanos y herederos de la bella ciudad celestial.

En Apocalipsis 21:1-8 leemos la revelación escrita por Juan de acuerdo a la visión que Dios le dio en la isla de Patmos:

"Y vi un cielo nuevo y una tierra nueva, porque el primer cielo y la primera tierra pasaron, y el mar ya no existe.

Y vi la ciudad santa, la nueva Jerusalén, que descendía del cielo, de Dios, preparada como una novia ataviada para su esposo.

Entonces oí una gran voz que decía desde el

trono: He aquí, el tabernáculo de Dios está entre los hombres, y Él habitará entre ellos y ellos serán su pueblo, y Dios mismo estará entre ellos.

Él enjugará toda lágrima de sus ojos, y ya no habrá muerte, ni habrá más duelo, ni clamor, ni dolor, porque las primeras cosas han pasado.

Y el que está sentado en el trono dijo: He aquí, yo hago nuevas todas las cosas. Y añadió: Escribe, porque estas palabras son fieles y verdaderas.

También me dijo: Hecho está. Yo soy el Alfa y la Omega, el principio y el fin. Al que tiene sed, yo le daré gratuitamente de la fuente del agua de la vida.

El vencedor heredará estas cosas, y yo seré su Dios y él será mi hijo.

Pero los cobardes, incrédulos, abominables, asesinos, inmorales, hechiceros, idólatras y todos los mentirosos tendrán su herencia en el lago que arde con fuego y azufre, que es la muerte segunda."

La revelación que no habrá mar en la Nueva Jerusalén inspiraron en mi corazón las siguientes palabras, que comparto hoy con usted; y que espero sean de ánimo y esperanza en su vida:

El Mar... ¡Ya No Existe!

"Y vi un cielo nuevo y una Tierra nueva,
porque el primer cielo y la primer Tierra
pasaron, y el mar ya no existe."

Apocalipsis 21:1

El mar... ¿ya no existe?
¿Cómo es posible?
¿Una Tierra sin mar?

El mar...
Tan hermosa creación de Dios.

El sonido arrullador de sus olas...

La brisa refrescante en el calor del día.
Las palmeras altas y hermosas que visten
su orilla.

Las gaviotas que en hermoso arreglo
desfilan en su cielo.

Las nubes de anaranjado y violeta,
al caer el sol pintan su silueta.

Su arena suave y acolchonada,
amortiguando cual almohada
los pies de su admirador...

caminante que por sus orillas
glorifica al Creador.

¿Cómo? ¿No habrá mar?

Amigo, hermano, es que la nueva Tierra
será tan hermosa,
más gloriosa de lo que palabra humana
pueda describir.

Tanto que Dios nos lo hace entender,
haciéndonos saber
que el mar y su gloria
no tienen valor ni comparación
ante la gloria de la nueva creación.

Amigo, Dios lo está llamando para heredar tal bendición. Pero para poder recibirla es necesario primero entender un poco de la condición del hombre, entender que el hombre por sí mismo no puede merecerla. Y es que, el hombre no puede salvarse por sí mismo de su condición pecadora de egoísmo, codicia, enojos, envidias, deseos de venganza, inmoralidad y muchos otros males.

Por más que intentemos no pecar, nuestro corazón sigue siendo pecador. La única solución es venir a los pies de Jesús, reconociendo nuestra condición rebelde y pecadora; dispuestos con su ayuda, a abandonar nuestro camino desviado; pidiéndole perdón, y aprovechando la salvación que Él ofrece.

Así es, Dios mismo es el que salva, no nosotros mismos. Dios es quien hizo el pago completo que la justicia divina y perfecta exige por nuestras transgresiones.

La Biblia dice que Dios envió a su único Hijo Jesucristo a morir en la cruz; para pagar por todas nuestras faltas y maldades, recibiendo en su cuerpo el castigo que todos merecíamos. ¡Dios mismo ha provisto la salvación que nosotros necesitamos!

Mas Él fue herido por nuestras transgresiones,

molido por nuestras iniquidades.

El castigo, por nuestra paz, cayó sobre El,

y por sus heridas hemos sido sanados.   Isaías 53:5

Cuando venimos a Jesús con el propósito de seguir su voluntad; dispuestos a caminar bajo su dirección y protección como un niño camina agarrado de la mano amorosa de su padre en un día de campo; o como las ovejas siguen a su buen pastor; Él nos recibe.

Hoy Dios le invita a que venga a Jesús; el Creador le invita a que le abra su vida y su corazón. Si usted nunca ha recibido a Jesús como Señor de su vida, confiando en lo que hizo por usted, y por todos, en la cruz; por nuestros pecados; hoy lo puede hacer.

Entréguele su vida a Jesús para que la haga nueva; dirigiéndole de acuerdo a su sabia y amorosa voluntad:

Jesús no lo rechazará si viene a Él con un corazón humilde y arrepentido, reconociendo que ha fallado con su prójimo y con Dios. Pídale perdón, invitándole a entrar y tomar dulcemente su corazón.

El Señor es mi pastor, nada me faltará.

En lugares de verdes pastos me hace descansar; junto a aguas de reposo me conduce.

El restaura mi alma; me guía por senderos de justicia por amor de su nombre.

Aunque pase por el valle de sombra de muerte, no temeré mal alguno, porque tú estás conmigo;

tu vara y tu cayado me infunden aliento.

Preparas mesa delante de mí en presencia de mis enemigos; has ungido mi cabeza con aceite; mi copa está rebosando.

Ciertamente el bien y la misericordia me seguirán todos los días de mi vida, y en la casa del Señor moraré por largos días.

Salmo 23

El apóstol Pablo dijo en su carta a los Romanos 10:9-10 *"que si confiesas con tu boca a <u>Jesús por Señor</u>, y crees en tu corazón que Dios le resucitó de entre los muertos, serás salvo; porque con el corazón se cree para justicia, y con la boca se confiesa para salvación."*

En Apocalipsis 3:20 Jesús dice: *"He aquí, yo estoy a la puerta y llamo; si alguno oye mi voz y abre la puerta, entraré a él, y cenaré con él y él conmigo."*

Le invito a elevar las siguientes palabras a Dios. No, no son una fórmula mágica, pero representan la condición del corazón que Jesús aprueba para salvación:

> Dios mío, vengo a ti pidiendo perdón por mis pecados; perdón por vivir una vida de acuerdo a mi voluntad egoísta y descarriada, y no la tuya.
>
> Creo que el sacrificio de tu Hijo Jesús en la cruz del Calvario es poderoso para pagar por mis maldades.
>
> Buen Pastor, hoy te recibo para que me guíes como un pastor guía a sus ovejas.
>
> Señor, hoy te recibo para que me dirijas como un padre amoroso guía a sus hijos.
>
> Dios y rey mío, me presento ante ti con corazón obediente; rogando envíes al Espíritu Santo para acompañarme y consolarme; para fortalecerme contra las tentaciones; para guiarme a toda

verdad; para ayudarme a conocer y hacer tu voluntad.

Te lo pido en nombre de nuestro Señor Jesucristo, amén.

Si usted ha hecho sinceramente esta oración, sepa que tiene vida eterna. Su destino está sellado por la promesa de Jesús, cuyas palabras en el evangelio de Juan 5:24 declaran: *"En verdad, en verdad os digo: el que oye mi palabra y cree al que me envió, tiene vida eterna y no viene a condenación, sino que ha pasado de muerte a vida."*

Ahora bien, tal como todo bebé recién nacido, usted necesita alimentarse; necesita la leche espiritual de la Palabra de Dios para crecer sanamente. Le animo a que busque una iglesia cristiana cuyo fundamento y cabeza sea Jesucristo; una iglesia que enseñe la Palabra de Dios; una congregación de creyentes que habitan en el orden y el amor de Dios, que buscan ser guiados por el Espíritu Santo, y que saben orar - no de acuerdo a vanas repeticiones – sino en Espíritu y verdad.

El autor de la carta a los Hebreos 10:24-25 escribió: *"consideremos cómo estimularnos unos a otros al amor y a las buenas obras, no dejando de congregarnos, como algunos tienen por costumbre, sino exhortándonos unos a otros, y mucho más al ver que el día se acerca."*

Reúnase pues, con creyentes que compartan la misma fe que hoy recibe; ya que ésa es la voluntad de Dios para su vida.

Dios ahora está con usted. Le animo a que hable con Él tal como un hijo habla con su padre. Hable con Él para pedirle consuelo o consejo; para escuchar su voz, alabarle, o pedirle perdón si ha fallado. En eso consiste la oración.

Lea su Biblia diariamente, pues a través de ella Dios nos habla, fortalece y guía.

Y no se olvide al observar la maravillosa creación de Dios; ya sean las estrellas del firmamento, una bella flor, las aves del mar, o la sonrisa de un niño; de darle la honra, la gloria y la alabanza a Aquel a quien le pertenecen; agradecido de que usted es ahora parte de su maravilloso propósito; objeto de su infinito amor.

¡Gloria a Dios!

"Cantad al SEÑOR un cántico nuevo;
cantad al SEÑOR, toda la tierra.

Cantad al SEÑOR, bendecid su nombre;
proclamad de día en día las buenas nuevas
de su salvación.

Contad su gloria entre las naciones, sus
maravillas entre todos los pueblos."

Salmo 96:1-3

Otras obras producidas por la organización El Verbo Para Latino América (The Word For Latin America):

- Creados a la Imagen de Dios (CD)
- El Hombre: Su origen y Destino (Libro)
- Génesis: El Origen del Cosmos y la Vida (libro)
- Reflexiones Sobre El Hijo de Dios (Folleto)
- Celebremos la Semana Santa… como le agrada a Dios (Folleto)
- Encuentro con Jesús (CD)
- Sobre Esta Roca (Libro)
- El Consejo Precioso de Dios (Libro)

El Verbo Para Latino América
P.O. Box 1002
Orange, CA 92856

Teléfono: (714) 285-1190

www.elvela.com

El Verbo Para Latino América es una organización cristiana sin fines de lucro financiero, dedicada a compartir a Cristo en el mundo hispano.

www.ingramcontent.com/pod-product-compliance
Lightning Source LLC
Chambersburg PA
CBHW060724030426
42337CB00017B/2995